FORSCHUNGSBERICHTE DES LANDES NORDRHEIN-WESTFALEN

Nr. 3172 / Fachgruppe Physik/Chemie/Biologie

Herausgegeben vom Minister für Wissenschaft und Forschung

Prof. Dr. rer. nat. Bernhard Fell
Dr. rer. nat. Hedda Schulz
Dr. rer. nat. Monika Kuhn
Dr. rer. nat. Georg Feichtmeier

Lehr- und Forschungsgebiet Technische Chemie und Petrolchemie
der Rhein.-Westf. Techn. Hochschule Aachen

Isolierung homogen gelöster
Übergangsmetall-Komplexkatalysatoren
aus Produktgemischen

Westdeutscher Verlag 1984

CIP-Kurztitelaufnahme der Deutschen Bibliothek

Isolierung homogen gelöster Übergangsmetall-Komplexkatalysatoren aus Produktgemischen / Bernhard Fell ... - Opladen : Westdeutscher Verlag, 1984.
  (Forschungsberichte des Landes Nordrhein-Westfalen ; Nr. 3172 : Fachgruppe Physik, Chemie, Biologie)

NE: Fell, Bernhard [Mitverf.]; Nordrhein-Westfalen: Forschungsberichte des Landes ...

© 1984 by Westdeutscher Verlag GmbH, Opladen
Herstellung: Westdeutscher Verlag
Lengericher Handelsdruckerei, 4540 Lengerich
ISBN 978-3-531-03172-9   ISBN 978-3-322-87720-8 (eBook)
DOI 10.1007/978-3-322-87720-8

1.	Einleitung	1
2.	Abtrennung homogen gelöster Übergangsmetall-Komplexkatalysatoren mit Ligandenaustauschern	2
2.1	Allgemeines	2
2.2	Charakteristische Eigenschaften von Austauscherharzen	3
2.3	Herstellung von Ligandenaustauschern	5
2.3.1	Herstellung von substituierten Silicagelen	5
2.3.2	Herstellung von substituierten Polystyrolen	7
2.4	Rückgewinnung homogen gelöster Rhodiumverbindungen aus Testlösungen	10
2.4.1	Versuchsbedingungen	10
2.4.2	Ligandenaustauschersäulen	10
2.4.3	Packen der Säulen	11
2.4.4	Absorption und Desorption der Rhodiumkomplexe	12
2.4.5	Durchflußgeschwindigkeit	13
2.5	Rückgewinnung verschiedener Rhodiumkomplexe	13
2.6	Diskussion der Ergebnisse	18
2.7	Rückgewinnung des Rhodiumkatalysators aus Hydroformylierungsprodukten	19
3.	Die Ultrafiltration als Verfahren zur Abtrennung homogen gelöster Metallkomplexkatalysatoren von den hochmolekularen Produkten polymeranaloger Carbonylierungen	26
3.1	Einleitung	26
3.2	Trennversuche	28
3.3	Analytik	31
4.	Isolierung von homogen gelösten Übergangsmetallkatalysatoren aus organischen Medien durch Extraktion mittels wäßriger Lösungen von Komplexliganden	32
4.1	Einleitung	32
4.2	Einstufige Extraktion	32

4.2.1	Extraktion von Rhodium aus Toluol in Gegenwart von Triphenylphosphan	35
4.2.2	Rückextraktion von Rhodium mit Triphenylphosphan aus der wäßrigen Phase	35
4.3	Flüssig-Flüssig-Gegenstromextraktion mit einer Mikro-Drehband-Extraktionskolonne	38
4.3.1	Trennwirkung der Kolonne	38
4.3.2	Drehband-Extraktions-Kolonne	40
4.3.3	Kontinuierliche Rhodium-Extraktion aus Toluol mit verschiedenen wasserlöslichen Phosphanen bei 60°C	40
4.4	Diskussion der Versuchsergebnisse zur Extraktion von Rhodium	42
5.	Zusammenfassung	44
6.	Literatur	45

1. Einleitung

Die destillative Aufarbeitung von relativ niedermolekularen Reaktionsprodukten, die homogen gelöste, nichtflüchtige Übergangsmetall-Komplexkatalysatoren enthalten, bereitet keine Schwierigkeiten, wie das Beispiel der großtechnisch realisierten, rhodiumkatalysierten Hydroformylierung von Propen zeigt. Anders liegen die Verhältnisse bei höhermolekularen oder sogar polymeren Reaktionsprodukten. Hier müssen Fällungsreaktionen oder andere chemische Umwandlungsschritte der Übergangsmetallverbindungen z.B. zu wasserlöslichen Verbindungen erfolgen, um eine Abtrennung bewerkstelligen zu können. Von besonderem Interesse sind nun solche Trennverfahren, die den Homogenkatalysator in möglichst aktiver Form halten und so eine direkte Rückführung in die Reaktion ohne weitere Aktivierungsschritte erlauben. Verfahren, die hier in Betracht kommen, sind die Abtrennung der Komplexkatalysatoren durch Ligandentausch mit tertiäre Phosphangruppen tragenden Ionenaustauscherharzen ("Ligandentauschern"), die Extraktion mit wäßrigen Lösungen von wasserlöslichen, salzartigen, tertiären Phosphanen und die Abtrennung durch Ultrafiltration. Über alle drei Verfahrensmöglichkeiten soll im Folgenden am Beispiel der Abtrennung von Rhodium-Komplexkatalysatoren berichtet werden.

2. Abtrennung homogen gelöster Übergangsmetall-Komplexkatalysatoren mit Ligandenaustauschern

2.1 Allgemeines

In den sogenannten heterogenisierten Homogen-Katalysatorsystemen sind lösliche Übergangsmetall-Komplexkatalysatoren durch koordinative Bindung an z.B. tertiäre Phosphangruppen, die in hochmolekularen Verbindungen verankert sind, unlöslich gemacht worden [1,2]. Solche tertiäre Phosphangruppen tragenden Harze oder Oxide wie SiO_2 können in Analogie zu Ionenaustauschern als "Ligandenaustauscher" bezeichnet werden und sollten zur Abscheidung homogen gelöster Übergangsmetall-Komplexverbindungen aus organischen Medien verwendbar sein [3].

Die Abscheidung durch Ligandenaustausch erfolgt gemäß der Gleichung:

$$\begin{array}{c} \boxed{}\!\!-\!(CH_2)_n\!-\!P\!\!<\!\!\begin{array}{c}R^1\\R^2\end{array} + \begin{array}{c}\backslash\,/\\-Me-L\\/\,\backslash\end{array} \longrightarrow \\ \\ \boxed{}\!\!-\!(CH_2)_n\!-\!\underset{\underset{R^2}{|}}{\overset{\overset{R^1}{|}}{P}}\!\rightarrow\!\begin{array}{c}\backslash\,/\\Me-\\/\,\backslash\end{array} + L \end{array}$$

Die Regeneration des Ligandenaustauschers und die Reingewinnung der Übergangsmetallverbindung erfolgt durch Behandlung des beladenen Austauschers mit einem Überschuß des mobilen Liganden L:

$$\text{▨}\!-\!(CH_2)_n-\underset{\underset{R^2}{|}}{\overset{\overset{R^1}{|}}{P}}\!\rightarrow\! \overset{\diagdown\,\diagup}{\underset{\diagup\,\diagdown}{Me}}\!-\ +\ L\ \longrightarrow$$

$$\text{▨}\!-\!(CH_2)_n-P\!\!<\!\!^{R^1}_{R^2}\ +\ -\overset{\diagdown\,\diagup}{\underset{\diagup\,\diagdown}{Me}}\!-L$$

Beladung und Regeneration des Ligandentauschers können nach zwei Verfahren erfolgen:
In einem statischen System, in sogenannten Satzverfahren, wird der Ligandenaustauscher mit der Lösung des Übergangsmetallkomplexes gerührt, bis sich das Gleichgewicht eingestellt hat. Der Austausch bei dieser Arbeitsweise wird nur dann vollständig sein, wenn das Reaktionsgleichgewicht ganz nach rechts verschoben werden kann.

Beim dynamischen Verfahren fließt die Komplexlösung über eine ausreichend hohe Schüttung des Ligandenaustauschers. Am Ende der Schüttung hat sich das Gleichgewicht dann in die gewünschte Richtung verschoben, so daß der Austausch vollständig wird.

2.2   Charakteristische Eigenschaften von Austauscherharzen

Die wichtigsten Parameter organischer Austauscherharze sind die Korngröße und die Porosität; denn durch diese beiden Faktoren wird die Größe der Oberfläche bestimmt, an der die Austauschreaktionen stattfinden. Ein kleinkörniges Harz besitzt eine große äußere Oberfläche. Doch Harze mit kleiner Körnung, bzw. pulverförmige Harze weisen im Säulenverfahren einen größeren Reibungswiderstand auf, so daß die Fließgeschwindigkeit herabgesetzt wird. Eine Problemlösung bieten hier die sogenannten makroporösen Harze, die trotz großer Körnung und kleiner äußerer Oberfläche durch die hohe Porosität eine große Gesamtoberfläche aufweisen.

Die Porosität, d.h. die Größe der inneren Oberfläche, wird durch zwei Faktoren bestimmt:

a) durch die Vernetzung und das sich dadurch bildende Maschenwerk; je höher der Vernetzungsgrad ist, desto feinere Poren bilden sich, desto größer werden innere Oberfläche und Austauschkapazität,

b) durch Lösungsmittel, die während der Polymerisation zugesetzt werden; hierdurch bilden sich zusätzlich zur Vernetzung Poren, die größer als atomare Abstände und nicht Teil der Gelstruktur sind. Diese makroporösen (engl.: macroreticular) Harze besitzen eine außerordentlich große innere Oberfläche.

Die Quellung, die zum Teil auch die Größe der Oberflächen beeinflußt, wird von der Matrix selbst (Vernetzungsgrad, Art der aktiven Gruppen) und von dem umgebenden Medium (Wasser, organisches Lösungsmittel) bestimmt. Stark polare Ionenaustauscher quellen in polaren Lösungsmitteln am stärksten. Ligandenaustauscher erfahren die größte Volumenzunahme in schwach polaren oder unpolaren Medien.

Die Kapazität eines Ionen- oder Ligandenaustauschers ist ein direktes Maß für seine Verwendungsmöglichkeit. Die analytische oder totale Kapazität wird aufgrund der Bestimmung des Heteroatoms in den aktiven Gruppen, wie Schwefel, Stickstoff oder Phosphor, berechnet. Die effektive Kapazität ist durch sterische Hinderung zum Teil erheblich geringer als die Gesamtkapazität. Bei der Beladung mit verschieden großen Ionen ergeben sich auch unterschiedliche, effektive Kapazitäten.

Im Gegensatz zu den organischen Austauscherharzen beruht die Wirksamkeit der anorganischen Verbindungen, z.B. Aktivkohle, Aluminiumoxid, Silicagel, hauptsächlich auf ihrem Adsorptionsvermögen.

Jedoch speziell bei Silicagelen besteht die Möglichkeit, aktive Gruppen auf der Oberfläche zu verankern und mit diesen Verbindungen Ligandenaustauschreaktionen durchzuführen. Die Oberfläche eines nicht wasserfreien Silicagels ist mit Hydroxylgruppen bedeckt, die je nach Charakter verschieden stark mit z.B. Silanen reagieren können: Hydroxylgruppen, die einen geringen Abstand zueinander haben, sind an Wasserstoffbrückenbindungen beteiligt und deshalb nicht so reaktiv wie die weit voneinander entfernt liegenden sogenannten reaktiven und freien "Hydroxyle" [4].

2.3 Herstellung von Ligandenaustauschern
2.3.1 Herstellung von substituierten Silicagelen

Zur Rückgewinnung von als Homogenkatalysatoren verwendbaren Übergangsmetallkomplex-Verbindungen, z.B. Carbonylhydridotris(triphenylphosphan)rhodium(I), aus organischen Medien scheinen besonders Ligandenaustauscher geeignet, die als funktionelle Gruppe eine Diphenylphosphan-Gruppe enthalten [5].

Die Synthese von solchen Ligandenaustauschern auf Silicagelbasis kann auf zwei Wegen erfolgen:

a) In einer Silylierungsreaktion wird ein in einem getrennten Reaktionsschritt hergestelltes Phosphansilan an die Hydroxylgruppen des Silicagels gebunden:

$$(EtO)_3Si-CH=CH_2 \quad + \quad H-PPh_2 \longrightarrow$$

$$(EtO)_3Si-CH_2-CH_2-PPh_2 \quad \xrightarrow{\text{▓-OH (Silicagel)}}$$

$$\text{▓}-O-Si-CH_2-CH_2-PPh_2$$

b) Ein reaktives Vinylsilan wird in das Silicagel verankert und danach die Vinylgruppe mit Diphenylphosphan umgesetzt:

$$\begin{aligned}
&\blacksquare\text{-OH} \quad + \quad Cl_3Si\text{-CH=CH}_2 \quad \longrightarrow \\
&\blacksquare\text{-O-Si-CH=CH}_2 \quad \xrightarrow{+\ H\text{-PPh}_2} \\
&\blacksquare\text{-O-Si-CH}_2\text{-CH}_2\text{-PPh}_2
\end{aligned}$$

Die bevorzugte Verwendung von Silanen als Brückenbildner zwischen Silicagel und einer Organophosphan-Gruppe liegt darin begründet, daß die resultierende -Si-O-Si-Bindung wesentlich weniger anfällig gegen Hydrolyse und thermisch stabiler ist als mögliche -Si-O-C- oder -Si-N-C-Bindungen [6].

Bei den Reaktionen wurde ein Kieselgel Typ 100 weitporig von Merck eingesetzt (Kennziffer KV). Es hat einen Porendurchmesser von 100 Å, seine Korngröße beträgt 0,2 - 0,5 mm, der Wasserstoffgehalt als Maß für die aktiven Reaktionszentren liegt bei 0,63 % (Aktivitätsstufe 5).

Zur Herstellung von Diphenylphosphanylsilanen wird meistens Diphenylphosphan eingesetzt, das aus Chlordiphenylphosphan hergestellt werden kann:

$$2\ R_2P\text{-Cl} \quad \xrightarrow[-\ 2\ HCl]{+\ 2\ H_2O} \quad 2\ R_2P\text{-OH} \quad \rightleftharpoons \quad 2\ R_2\overset{O}{\underset{}{P}}\text{-H}$$

Phosphonig-   Phosphanig-
säure   säure

$$\longrightarrow \quad R_2P\text{-H} \quad + \quad R_2\overset{O}{\underset{}{P}}\text{-OH}$$

Phosphan   Phosphansäure

Analog zu dieser Reaktion wurde aus Chlordiphenylphosphan Diphenylphosphan hergestellt.

Das aus der Additionsreaktion von Vinyltriethoxysilan und Diphenylphosphan entstandene 2-Diphenylphosphanylethyl-triethoxysilan (Reaktionsweg a) wurde bei 300°C auf Silicagel aufgepfropft (Ligandenaustauscher KVa).

Im Reaktionsweg b) wird das Silicagel mit Vinyltrichlorsilan umgesetzt. Der nächste Reaktionsschritt - die Addition von Diphenylphosphan - bildet einen Sonderfall der Michael-Addition [7]: Phosphor-Wasserstoff-Verbindungen wie Diphenylphosphan spalten leicht in Gegenwart starker Basen wie Phenyllithium ein Proton ab. Das entstandene Diarylphospidanion besitzt eine ähnliche Stellung wie C-H-acide Carbonylverbindungen (z.B. Diethylmalonat), die leicht Michael-Addition an C-C-Doppelbindungen aktivierter Olefine eingehen. Das so hergestellte 2-diphenylphosphanyl-ethyl-silylierte Silicagel trägt im folgenden die Bezeichnung KVb.

Beide substituierten Silicagele (Kennziffer KVa und KVb) enthalten 1,5 % Phosphor. (Der Phosphorgehalt wird als Maß für die Anzahl der aktiven Gruppen herangezogen). Jedoch unterscheiden sie sich in der Matrixstruktur, da bei dem Ligandenaustauscher KVa die Matrix durch die Substitutionsreaktion zerstört wurde und es nun pulverförmige vorlag. Bei dem Reaktionsweg b) wurde die Matrixstruktur nicht angegriffen.

2.3.2 Herstellung von substituierten Polystyrolen

Als Ausgangssubstanz von Ligandenaustauschern auf organischer Matrix wurden Polystyrolharze verwendet, die unterschiedlich stark vernetzt sind[*].

---

[*] Für die Bereitstellung der Polymeren sei der Firma Bayer AG, Leverkusen, sehr herzlich gedankt.

- Polystyrol mit 8 % Divinylbenzol (Kennziffer 1); es ist makroporös mit einem Porendurchmesser von 200 Å.

- Polystyrol mit 12 % Divinylbenzol (Kennziffer 2); es ist ebenfalls makroporös mit einem Porendurchmesser von 350 Å.

- Polystyrol mit 18 % Divinylbenzol (Kennziffer 3); es besitzt eine makroporöse Struktur mit einem Porendurchmesser von 250 Å.

Diphenylphosphanyliertes Polystyrol

$$\begin{aligned}&\text{Polymer-}\phi + \tfrac{1}{2}Br_2 \xrightarrow[-HBr]{FeBr_3} \text{Polymer-}\phi\text{-Br} \\ &\text{Polymer-}\phi\text{-Br} + Li-PPh_2 \xrightarrow[-LiBr]{} \text{Polymer-}\phi\text{-}PPh_2\end{aligned}$$

Zur Herstellung der diphenylphosphanylierten Polystyrole wurden die Harze zuerst mit Brom unter Katalyse von $FeBr_3$ umgesetzt. Die bromierten Polystyrole wurden anschließend mit Lithiumdiphenylphosphid zu diphenylphosphanylierten Polystyrolen substituiert [8].

Tabelle 1: Phosphorgehalt der diphenylphosphanylierten Polystyrole

Vers.-Nr.	Harz-Nr.	P-Gehalt (Gew.-%)
1	1.2	2,8
2	2.2	2,6
3	3.2a	3,4
4	3.2b	3,3

Der Substitutionsgrad der Phenylringe im Polystyrol, der sich ungefähr aus dem Phosphorgehalt berechnen läßt, liegt bei den diphenylphosphanylierten Polystyrolen zwischen 25-30 %. Es wird davon ausgegangen, daß bei einer 100 prozentigen Substitution jeder Phenylring monosubstituiert ist. Eine genaue Substitutionsbestimmung konnte nicht durchgeführt werden, da einerseits durch einen Restgehalt an Brom sich die Gewichtsprozente verschieben und andererseits durch die Vernetzung mit Divinylbenzol die Anzahl der verfügbaren Phenylringe unbekannt ist.

Diphenylphosphanyl-methyliertes Polystyrol

$$\text{P}-\text{C}_6\text{H}_5 + Cl-CH_2-O-CH_3 \xrightarrow[-CH_3OH]{SnCl_4} \text{P}-\text{C}_6\text{H}_4-CH_2Cl$$

$$\text{P}-\text{C}_6\text{H}_4-CH_2Cl + Na-P(C_6H_5)_2 \xrightarrow{-NaCl} \text{P}-\text{C}_6\text{H}_4-CH_2-P(C_6H_5)_2$$

Zur Herstellung der diphenylphosphanyl-methylierten Polystyrole wurde die Chlormethylierung mit Zinntetrachlorid und Chlormethylmethylether durchgeführt. Die Weiterreaktion erfolgte mit Natrium-diphenylphosphid zu den diphenylphosphanylmethylierten Harzen [9].

Tabelle 2: Phosphorgehalt der diphenylphosphanylmethylierten Polystyrole

Vers.-Nr. Nr.	Harz-Nr.	P-Gehalt (Gew.-%)
1	1.4	6,0
2	2.4	1,1
3	3.4a	3,1
4	3.4b	3,1
5	3.4c	3,1

Bei den Harzen 3.4a, 3.4b und 3.4c lag die Anzahl der substituierten Phenylringe bei ca. 30-31 %.

Die Ligandenaustauscher 3.2 und 3.4 wurden mehrfach synthetisiert, um die Reproduzierbarkeit des Substitutionsgrades und damit auch die Reproduzierbarkeit bei der Adsorption und Desorption zu überprüfen.

Es wird angenommen, daß sich durch die Substitutionsreaktionen der Porendurchmesser in der Polystyrolmatrix nicht verändert hat.

2.4 Rückgewinnung homogen gelöster Rhodiumverbindungen aus Testlösungen

2.4.1 Versuchsbedingungen

Die oben beschriebenen Verbindungen, die 2-diphenylphosphanyl--ethyl-silylierten Silicagele, die diphenylphosphanylierten Polystyrole und die diphenylphosphanyl-methylierten Polystyrole, wurden für die Verwendbarkeit als Ligandenaustauscher getestet. Die Auftrennung der rhodiumhaltigen Lösungen wurden nach der dynamischen Methode durchgeführt.

2.4.2 Ligandenaustauschersäulen

Für die Austauschreaktionen wurden zwei verschiedene Säulentypen verwendet. Der erste Säulentyp (A) besaß einen Durchmesser von 1,5 cm und eine Länge von 20 cm. Mit einem Teflonventil konnte die Durchflußgeschwindigkeit geregelt werden. Die gequollenen Ligandenaustauscher wurden in Form einer Aufschlämmung in die Säule gefüllt, die unten mit einem Glaswollepfropfen verschlossen war. Diese Säule konnte maximal 30 ml Ligandenaustauscherharz aufnehmen.

Der andere Glassäulentyp (B) (Durchmesser 1,2 cm, Länge 25 cm) wurde oben und unten mit Teflonstempeln verschlossen, die mit einer Kapillare von 1,5 mm Durchmesser durchzogen waren. Zwischen Stempel und Füllgut befanden sich feine Siebe, die eine gleichmäßige Verteilung beim Aufgeben und ein gleichmäßiges Abfließen der Lösungen gewährleisteten. Der Säulenkopf bestand aus einem in der Höhe verstellbaren Stempel, der je nach Füllgutmenge direkt auf die Harzoberfläche aufgesetzt werden konnte, so daß kein Totvolumen entstand. Diese Ligandenaustauschersäule faßte zwischen 15-28 ml Austauscherharz. In diesem Mengenbereich sind die reproduzierbaren Austauschbedingungen gewährleistet.

Es bestand die Möglichkeit, an die Austauschersäule vom Typ B eine Pumpe anzuschließen, die kontinuierlich die Lösung über das Austauscherharz fördert. Somit konnte eine genau reproduzierbare Durchflußgeschwindigkeit eingestellt werden. Das war beim Säulentyp A mit dem Teflonventil nicht möglich. In einigen Versuchen mit Testlösungen wurde eine automatische Einspritzpumpe an das untere Ende der Austauschersäule angeschlossen. Mit einer Fördermenge von 0,46 ml/min drückte sie die Lösung von unten nach oben über das Austauscherharz. Es zeigte sich jedoch, daß das Adsorptions- und Desorptionsverhalten der Ligandenaustauscher unabhängig davon ist, ob sie Lösung von unten nach oben hochgepreßt wird oder von oben nach unten über das Austauscherharz fließt, wenn die Durchflußgeschwindigkeit 20-40 ml/h beträgt.

Beide Austauschersäulen besaßen einen temperierbaren Glasmantel und wurden an einen Thermostaten angeschlossen.

2.4.3 Packen der Säulen

Durch das untere Säulenende wurde ein leichter Argonstrom in die senkrecht stehende Säule eingeleitet. Die Menge des Ligandenaustauschers, die 25 mmol aktive Gruppen enthält, wurde in Toluol in einer möglichst dicken Suspension im Gegenstromverfahren in die Säule gefüllt. Während das überschüssige Lösungsmittel abgelassen wurde, verdrängte ein Argonstrom im oberen Teil der Säule die nachströmende Luft. Durch Schütteln wurden die Harzkörper kompaktiert.

2.4.4 Absorption und Desorption der Rhodiumkomplexe

Zur Absorption wurden auf je 25 mmol aktive Gruppen im Harz 10,3 mg Rhodium aufgebracht - in Form der verschiedenen Komplexe, in 100 ml Toluol gelöst. Das bedeutet, daß ein 250-facher Überschuß an aktiven Austauschergruppen vorhanden ist.

Nach der Adsorption wurde mit 50 ml reinem Lösungsmittel gewaschen, damit die nicht adsorbierten Anteile aus dem Harz herausgespült und somit die Ergebnisse reproduzierbar wurden.

Die Desorption der Rhodiumverbindungen, das heißt, die Gleichgewichtsverschiebung zu den freien Komplexen hin, muß mit einem Überschuß eines mobilen Liganden durchgeführt werden. Die Vollständigkeit dieser Gleichgewichtsreaktionen hängt nicht nur von der Menge, sondern auch von der Art des Liganden ab: Die Basizität von Tri(isopropyl)phosphan und somit die Bindungsstärke des Liganden ist ausgeprägter als im Vergleich zu Triphenylphosphan.

Zur Rückgewinnung der Rhodiumkomplexe vom Ligandenaustauscher wurden deshalb 0,4 molare Tri(isopropyl)phosphan-Lösungen in reinem, sauerstofffreiem Toluol eingesetzt. Jedes Harz wurde mit 50 ml dieser Lösung regeneriert und danach mit 50 ml reinem Toluol gewaschen. Die Regeneration der Ligandenaustauscher wurde bei 60°C durchgeführt.

2.4.5 Durchflußgeschwindigkeit

Ein wichtiger Parameter für die Adsorption der Rhodiumkomplexe ist die Durchflußgeschwindigkeit. Es zeigte sich, daß die Ligandenaustauschreaktion um so vollständiger verlief, je geringer die Durchflußgeschwindigkeit war. Bei einer Geschwindigkeit von ca. 20 ml/h wurden die besten Adsorptions- und Desorptionsergebnisse erzielt.

2.5 Rückgewinnung verschiedener Rhodiumkomplexe

Das Absorptions- und Desorptionsverhalten der Ligandenaustauscher wurde mit drei Rhodiumkomplexen untersucht:

- Carbonylhydridotris(triphenylphosphan)rhodium(I)
  $RhH(CO)(PPh_3)_3$
- Carbonylchlorotris(triphenylphosphan)rhodium(I)
  $RhCl(CO)(PPh_3)_3$
- Carbonylchlorobis(triphenylphosphan)rhodium(I)
  $RhCl(CO)(PPh_3)_2$

Um die reine Adsorption in der Silicagel-, bzw. in der Polystyrolmatrix festzustellen, wurde das unsubstituierte Silicagel KV und das Polystyrol 1. zum Vergleich eingesetzt.

Die Adsorptions- und Desorptionsergebnisse sind in den Tabellen 3-5 aufgeführt.

Tabelle 3: Adsorption von Hydridocarbonyltristriphenylphosphan-
rhodium(I) RhH(CO)(PPh$_3$)$_3$ und Desorption des Komplexes mit Tri(isopropyl)phosphan

Vers.	Liganden-austauscher	funktionelle Gruppe	Adsorption (%)	Desorption (%)
	2-Diphenylphosphanyl-äthyl-silylierte Silicagele			
3/1	KV	–	68	56
2	KVa	–Si(CH$_2$)$_2$–PPh$_2$	82	58
3	KVb	–Si(CH$_2$)$_2$–PPh$_2$	95	52
	Diphenylphosphanylierte Polystyrole			
3/4	1	–	15	100
5	1.2	–PPh$_2$	97	68
6	2.2	–PPh$_2$	48	87
7	3.2.a	–PPh$_2$	97	100
8	3.2.b	–PPh$_2$	98	98
	Diphenylphosphanyl-methylierte Polystyrole			
3/9	1.4	–CH$_2$–PPh$_2$	91	68
10	2.4	–CH$_2$–PPh$_2$	54	81
11	3.4.a	–CH$_2$–PPh$_2$	100	99
12	3.4.b	–CH$_2$–PPh$_2$	99	100
13	3.4.c	–CH$_2$–PPh$_2$	98	100

Tabelle 4: Adsorption von Chlorocarbonyltristriphenylphosphan-rhodium(I) $RhCl(CO)(PPh_3)_3$ und Desorption des Komplexes mit Tri(isopropyl)phosphan

Vers.	Liganden-austauscher	funktionelle Gruppe	Adsorption (%)	Desorption (%)
2-Diphenylphosphanyl-äthyl-silylierte Silicagele				
4/1	KV	-	63	54
2	KVa	$-Si(CH_2)_2-PPh_2$	86	50
3	KVb	$-Si(CH_2)_2-PPh_2$	92	53
Diphenylphosphanylierte Polystyrole				
4/4	1	-	14	97
5	1.2	$-PPh_2$	96	99
6	2.2	$-PPh_2$	54	85
7	3.2.a	$-PPh_2$	100	97
8	3.2.b	$-PPh_2$	98	100
4/9	1.4	$-CH_2-PPh_2$	100	100
10	2.4	$-CH_2-PPh_2$	56	95
11	3.4.a	$-CH_2-PPh_2$	92	100
12	3.4.b	$-CH_2-PPh_2$	98	98
13	3.4.c	$-CH_2-PPh_2$	98	100

Tabelle 5: Adsorption von Chlorocarbonylbistriphenylphosphan-
rhodium(I) RhCl(CO)(PPh$_3$)$_2$ und Desorption des Komplexes mit Tri(isopropyl)phosphan

Vers.	Liganden-austauscher	funktionelle Gruppe	Absorption (%)	Desorption (%)
\multicolumn{5}{c}{2-Diphenylphosphanyl-äthyl-silylierte Silicagele}			
5/1	KV	-	61	56
2	KVa	-Si(CH$_2$)$_2$-PPh$_2$	82	55
3	KVb	-Si(CH$_2$)$_2$-PPh$_2$	97	56
\multicolumn{5}{c}{Diphenylphosphanylierte Polystyrole}			
5/4	1	-	14	99
5	1.2	-PPh$_2$	93	96
6	2.2	-PPh$_2$	47	97
7	3.2.a	-PPh$_2$	98	100
8	3.2.b	-PPh$_2$	98	97
\multicolumn{5}{c}{Diphenylphosphanyl-methylierte Polystyrole}			
5/9	1.4	-CH$_2$-PPh$_2$	93	86
10	2.4	-CH$_2$-PPh$_2$	51	70
11	3.4.a	-CH$_2$-PPh$_2$	98	98
12	3.4.b	-CH$_2$-PPh$_2$	100	99
13	3.4.c	-CH$_2$-PPh$_2$	100	99

Die Absorptions- und Desorptionsergebnisse sind in den Tabellen 3-5 aufgeführt. Hierbei muß berücksichtigt werden, daß bei den Ergebnissen bis zu 3 % Schwankungen auftreten können. Sie werden durch die apparativ bedingten Ungenauigkeiten bei der Rhodiumbestimmung in organischen Lösungsmitteln mittels der Flammenatomabsorptionsspektroskopie hervorgerufen.

Anhand der Ergebnisse in den Tabellen 3-5 kann ein grundsätzlich unterschiedliches Verhalten der Ligandenaustauscher gegenüber verschiedenen Rhodiumkomplexen nicht festgestellt werden. Der mehr oder weniger gute Ligandenaustausch ist unabhängig von der Art des eingesetzten Rhodiumkomplexes. Jedoch zeigten sich große Unterschiede bei den Ligandenaustauschern selbst.

Ein deutlicher Unterschied zwischen der Allgemeinadsorption in der Silicagelmatrix KV und der Ligandenaustauschreaktion (Austauschadsorption) ist in den Versuchen erkennbar: die unspezifische Adsorption liegt zwischen 61 - 68 % (Versuch 3/1 - 5/1) und die Adsorption durch Ligandenaustausch weit über 92 % (Versuch 3/3 - 5/3). Der pulverförmige Ligandenaustauscher KVa ist in seinem Adsorptionsverhalten schlechter als der kornförmige Austauscher KVb. Die Zerstörung der Matrixstruktur und damit die geringere innere Oberfläche vermindert die Ligandenaustauschreaktion.
Bei allen Silicagelen sind die Desorptionsergebnisse schlecht; sie liegen zwischen 50 - 58 %. Es scheint eine irreversible Adsorption in der Silicagelmatrix aufzutreten.

Die Allgemeinadsorption in der Polystyrolmatrix, wie sie mit dem Harz 3. bestimmt wurde, liegt unter 15 % (Versuch 3/4 - 5/4). Dies ist ein großer Unterschied zu den Silicagelen, die schon eine Allgemeinadsorption von über 60 % aufweisen. Die unspezifische Adsorption in den Polystyrolen ist - im Gegensatz zu den Silicagelen - reversible, denn die Desorption der Rhodiumkomplexe verläuft vollständig.

Ein eindeutig unterschiedliches Verhalten der Ligandenaustauscher
mit Diphenylphosphanyl-Gruppen und Diphenylphosphanyl-methyl-
Gruppen konnte in diesen Testversuchen nicht beobachtet werden.

Die Ligandenaustauscher 2.2. (Versuch 3/6 - 5/6) und 2.4. (Versuch 3/10 - 5/10), die auf Polystyrol mit 12 % Divinylbenzol
aufgebaut sind und einen Porendurchmesser von 350 Å besitzen,
zeigen in der Gruppe der substituierten Poylstyrole die schlechtesten Adsorptions- und Desorptionsergebnisse.

Die besten Resultate mit sehr guter Reproduzierbarkeit erbrachten die Ligandenaustauscher 3.2. (Versuch 3/7,8 - 5/7,8) und
3.4. (Versuch 3/11, 12, 13 - 5/11, 12, 13); sowohl Adsorption
als auch Desorption verlaufen nahezu 100-prozentig.

2.6   Diskussion der Ergebnisse

Die Möglichkeit, substituierte Silicagele als Ligandenaustauscher
einzusetzen, erwies sich als ungünstig, da - bedingt durch die
Matrixstruktur - eine zu hohe irreversible Allgemeinadsorption
auftritt. Selbst nach mehrmaligem Gebrauch der substituierten
Silicagele ist die Matrix mit irreversible eingelagerten Rhodiumkomplexen nicht abgesättigt, da die Desorptionsergebnisse
immer nur ca. 55 % betrugen.

Die besten Resultate wurden mit den diphenylphosphanylierten und
diphenylphosphanyl-methylierten Polystyrolen erzielt, besonders
mit den Ligandenaustauschern 3.2. und 3.4., die mit 18 % Divinylbenzol vernetzt sind und einen Porendurchmesser von 250 Å
besitzen. Aus den Ergebnissen ist deutlich zu erkennen, daß die
Vollständigkeit einer Ligandenaustauschreaktion nicht nur von
der aktiven Ligandenaustauschergruppierung - von der Diphenylphosphanyl-Gruppe und von der Diphenylphosphanyl-methyl-Gruppe -
abhängt, sondern wesentlich auch von der Matrixstruktur. Durch

Vernetzungsgrad (18 %) und Makroporosität (250 Å) wird ein Porenvolumen geschaffen, das sowohl Adsorption als auch Desorption der Rhodiumkomplexe unter den hier gewählten Bedingungen ideal verlaufen läßt. Ein zu großer oder zu kleiner Porendurchmesser, ein zu geringer Vernetzungsgrad beeinflussen die Ligandenaustauschreaktion mehr oder weniger ungünstig.

2.7 Rückgewinnung des Rhodiumkatalysators aus Hydroformylierungsprodukten

Die substituierten Polystyrole, die sich in den Testversuchen als geeignete Ligandenaustauscher erwiesen hatten, wurden auch zur Rückgewinnung des Rhodiumkatalysators aus der Hydroformylierung von n-Octen-(1) eingesetzt.

Die Hydroformylierung des Octen-(1) wurde in einem 0,3 l Stahlautoklaven unter Katalyse von $RhH(CO)(PPh_3)_3$ durchgeführt. Teilweise wurde auch ein Cokatalysator - Triphenylphosphan oder N-Methylpyrrolidin - zugesetzt. Das Lösungsmittel war Toluol. Die Durchmischung und Heizung der Reaktionslösung erfolgte mittels einer Magnetheizplatte. Der Kaltdruck betrug 100 bar, die Reaktionstemperatur 98-100°C, die Reaktionszeit 1 Stunde.

Nach beendeter Hydroformylierung wurde der Autoklav auf Raumtemperatur abgekühlt und der Druck bis auf 3 bar abgelassen. Dieser Restdruck reichte aus, die Reaktionslösung aus dem Autoklaven zu verdrängen.

Mit einem Übergangsstück wurde der Autoklav dann an die obere Kapillare der Austauschersäule angeschlossen, die Reaktionslösung mittels eines Ventils langsam über den Ligandenaustauscher geleitet und unten in einem Vorratsgefäß wieder aufgefangen.

Die Durchflußgeschwindigkeit der Hydroformylierungslösung über den Ligandenaustauscher betrug max. 100-120 ml/h. Durch minimale Öffnung des Ventils am Autoklaven wurde sie auf ungefähr 40 ml/h reduziert.

Nach der Adsorption wurde der Ligandenaustauscher mit 25 ml
Toluol gespült, um den Rest des entmetallierten Hydroformy-
lierungsproduktes herauszuwaschen.

Die aufgefangene Hydroformylierungslösung wurde auf eventuelle
Katalysatorreste hin untersucht.

Die Desorption des Rhodiumkomplexes vom Ligandenaustauscher erfolgte bei einer Temperatur von 60°C mit 25 ml einer 0,4 molaren
Tri(isopropyl)phosphan-Lösung in Toluol, die unter Inertgas über
die Säule geleitet wurde.

Der Ligandenaustauscher wurde danach mit 25 ml Toluol gespült
und in der Desorptionslösung das zurückgewonnene Rhodium bestimmt.
Zunächst wurden Hydroformylierungen unter der Cokatalyse von
Triphenylphosphan im Verhältnis Rh/P = 1:5 durchgeführt und
der Rhodiumkatalysator aus den Hydroformylierungsprodukten
mit den substituierten Polystyrolen zurückgewonnen. Die Ad-
sorptions- und Desorptionsergebnisse sind in Tabelle 6 aufgeführt.

Die adsorbierten und desorbierten Rhodiummengen - in Tabelle
6 aufgeführt - zeigen ein klares Bild, das ähnlich schon in
den Testversuchen erhalten wurde. Die Harze 1.2 und 1.4 weisen
ein gutes Adsorptionsverhalten auf, jedoch ist die Desorption
unvollständig. Der Porendurchmesser von 200 Å kombiniert mit
dem Vernetzungsgrad von 8 % Divinylbenzol bietet nicht die not-
wendige Voraussetzung für eine 100 prozentige Rhodiumdesorption.

Die Ligandenaustauscher 2.2 und 2.4 adsorbieren nur 62-68 %
der Rhodiumkomplexe aus der Hydroformylierungslösung. In diesem
Fall ist das Porenvolumen, das durch die 12 prozentige Vernetzung und durch die 350 Å großen Poren gebildet wird, ungünstig für eine vollständige Adsorption. Die Desorption ist
100 prozentig.

Tabelle 6: Rückgewinnung des Rhodiumkatalysators aus
n-Octen-(1)-Hydroformylierungsprodukten
(Rh/P = 1:5)

1	2	3	4	5
Vers.	Liganden-austauscher	aktive Gruppe	Adsorption (%)	Desorption bez. auf Spalte 4 (%)
6/1	1.2	$-PPh_2$	100	84
2	1.4	$-CH_2-PPh_2$	98	86
6/3	2.2	$-PPh_2$	68	100
4	2.4	$-CH_2-PPh_2$	62	98
6/5	3.2a	$-PPh_2$	100	100
6	3.2b	$-PPh_2$	100	100
6/7	3.4a	$-CH_2-PPh_2$	100	99
8	3.4b	$-CH_2-PPh_2$	100	100
9	3.4c	$-CH_2-PPh_2$	100	100

Tabelle 7: Einfluß von Triphenylphosphan bei der Ligandenaustauschreaktion

1	2	3	4
Vers.	Rh/P	Adsorption (%)	Desorption bez. auf Spalte 3 (%)
7/1	1:3	100	100
2	1:5	100	100
3	1:6	100	99
4	1:7	100	100
5	1:8	100	99
6	1:9	80	100
7	1:10	74	100

Tabelle 7 zeigt, daß bei einem Rh/P-Verhältnis von 1:9 die
Adsorption des Rhodiumkomplexes stark abfällt. Bei einem
9fachen Überschuß an freien Liganden wird das Gleichgewicht
der Ligandenaustauschreaktion so verschoben, daß nur eine
geringe Komplexbildung mit den im Harz verankerten Liganden
stattfindet. Ein 8facher Überschuß an Phosphan beeinflußt
die Gleichgewichtsreaktion noch nicht.

N-Methylpyrrolidin als Cokatalysator der Hydroformylierung

Wird als Cokatalysator ein tertiäres Amin - in molaren Mengen
bezogen auf das Olefin - und eine dazu äquivalente Menge Wasser eingesetzt, kann die Hydroformylierung der Olefine über
die Stufe der Aldehyde hinaus zu den primären Alkoholen gelenkt werden [10]. Der Einfluß von N-Methylpyrrolidin bei der
Adsorption des Rhodiumkatalysators am Ligandenaustauscher wurde
untersucht. Die Hydroformylierung ist mit einem 2700fachen
Überschuß an tertiärem Amin in Bezug auf Rhodium durchgeführt
worden.

Tabelle 8: Einfluß des Cokatalysators N-Methylpyrrolidin bei
der Ligandenaustauschreaktion

1	2	3	4
Vers.	Liganden-austauscher	Adsorption (%)	Desorption bez. auf Spalte 3 (%)
8/1	3.2	100	99
2	3.4	100	100

Die Ergebnisse aus Tabelle 8 mit N-Methylpyrrolidin als Cokatalysator bei der Hydroformylierung zeigen, daß das tertiäre Amin
auch bei sehr großem Überschuß die Ligandenaustauschreaktion
nicht beeinflußt.

Ziel der Untersuchungen war es, nicht nur den Rhodiumkatalysator
von den Hydroformylierungsprodukten abzutrennen, sondern die
zurückgewonnene Rhodiumverbindung wieder als Katalysator einzusetzen.

Nach der Desorption der Rhodiumkomplexe vom Ligandenaustauscher
liegt die Katalysatorverbindung in einer ca. 0,4 molaren
Tri(isopropyl)phosphan-Lösung in Toluol vor.

Zunächst wird das Lösungsmittel, danach langsam das Phosphan ab-
destilliert, bis ein gelber, öliger Rückstand übrigbleibt, der
neben Rhodium geringe Mengen an Triphenylphosphan und Tri(sio-
propyl)phosphan enthält. Denn durch den Desorptionsprozeß wird
ein Teil, wenn nicht alle drei Triphenylphosphan-Liganden im
Katalysatorkomplex $RhH(CO)(PPh_3)_3$ durch das aliphatische Phosphan ersetzt. Der Destillationsrückstand wird in Toluol homogen
gelöst und als Katalysator wieder in die Hydroformylierung eingesetzt. Auf einen weiteren Zusatz von Phosphan wird verzichtet,
da ausreichende Mengen des Cokatalysators durch die Anwesenheit
von Tri(isopropyl)phosphan und Triphenylphosphan vorhanden sind.
Eine zu hohe Phosphan-Konzentration beeinflußt die Adsorption
des Rhodiumkomplexes am Ligandenaustauscher ungünstig. Das Tri
(isopropyl)phosphan wirkt bei der Hydroformylierung nicht stö-
rend, da gerade durch die Anwesenheit aliphatischer Phosphane
die Doppelbindungsisomerisierung besonders gut unterdrückt wird.

Mit dem Ligandenaustauscher 3.2 wurde der Rhodiumkatalysator zurückgewonnen und noch zweimal in die Hydroformylierung eingesetzt.
Nach jeder Adsorptions- und Desorptionsreaktion wurde die Rhodium-
konzentration bestimmt (Tabelle 9, Versuch 9/1-9/3).

Die mit dem Ligandenaustauscher 3.4 zurückgewonnene Rhodiumverbindung wurde mehrfach hintereinander als Katalysator verwendet
(Tabelle 9, Versuch 9/4-9/8).

Tabelle 9: Adsorption und Desorption des Rhodiumkatalysators
bei kontinuierlicher Hydroformylierung

1	2	3	4	5
Vers.	Liganden- austauscher	Hydrofor- mylierung	Adsorption (%)	Desorption bez. auf Spalte 4 (%)
9/1	3.2	A11	100	100
2	3.2	A12	100	99
3	3.2	A13	100	100
9/4	3.4	A21	100	n.b.
5	3.4	A25	100	n.b.
6	3.4	A26	100	n.b.
7	3.4	A27	100	n.b.
8	3.4	A28	100	100

Tabelle 9 zeigt, daß eine verlustlose Rückgewinnung des Rhodiumkatalysators auch nach mehrmaliger Hydroformylierung mit den Ligandenaustauschern 3.2 und 3.4 möglich ist.

Die Aktivität der zurückgewonnenen und erneut eingesetzten
Rhodiumkomplex-Verbindungen wurde überprüft. Die charakteri-
stischen Werte für diese kontinuierliche Hydroformylierung
sind in Tabelle 10 aufgeführt.

Aus Tabelle 10 ist zu erkennen, daß der über Ligandenaustauscher
zurückgewonnene und wieder eingesetzte Rhodiumkatalysator seine
Aktivität nicht verloren hat, es war sogar ein Anstieg der Selektivität zu beobachten.

Tabelle 10: Kontinuierliche Hydroformylierung von Oct-1-en
(aus Tabelle 9)

Vers.	Hydrofor-mylierung	Umsatz[1] (%)	Selek-[2] tivität (%)	Reaktions-[3] produkte (%)	
				1	2
9/1	A11	100	50,9	50,9	49,1
2	A12	99	63,3	63,2	36,6
3	A13	100	61,7	61,7	38,3
9/4	A21	100	50,8	50,8	49,2
5	A25	100	62,5	62,5	37,5
6	A26	99	61,6	61,5	38,4
7	A27	100	62,5	62,4	37,5
8	A28	100	60,5	60,5	39,5

[1] Gesamtausbeute an Oxoprodukten (% der Theorie)

[2] Ausbeute an Formyloctan (% der Theorie)

[3] Anteil am Oxoprodukt 1: unverzweigtes Produkt
(1-Formyl-octan)
2: verzweigte Produkte
(2-, 3-, 4-Formyl-octan)

3. Die Ultrafiltration als Verfahren zur Abtrennung homogen gelöster Metallkomplexkatalysatoren von den hochmolekularen Produkten polymeranaloger Carbonylierungen

3.1 Einleitung

Bei polymeranalogen Carbonylierungsreaktionen wie z.B. der Hydroformylierung von Polybutadien ist die Abtrennung des homogen gelösten Katalysators vom hochmolekularen Reaktionsprodukt eine besonders schwierige Aufgabe. Eine Abtrennung des Metallkomplex-Katalysators etwa durch Ausfällung des hochmolekularen Reaktionsproduktes durch Zusatz entsprechender Lösungsmittel oder auch durch Flüssig-Flüssig-Extraktionen bleibt in der Regel unvollständig oder ist überhaupt nicht durchführbar. Vor allem sind diese Verfahren nicht ohne zum Teil erhebliche Katalysatorverluste durchführbar.

Vor allem aus der Biochemie und Medizin jedoch auch der industriellen Chemie sind Methoden für die Abtrennung bzw. Auftrennung von Polymeren bekannt, die unter Umständen auch für die Abtrennung von Homogenkatalysatoren von den Reaktionsprodukten polymeranaloger Carbonylierungen geeignet sein könnten. Es sind die Molekularfiltration oder Ultrafiltration und - für analytische Zwecke - die Gelchromatographie oder Ausschlußchromatographie. Ultrafiltration bzw. Umkehrosmose haben Eingang in die chemische Technik gefunden. Beispiele sind: Wasserentsalzung, Trennung Lacke/Wasser, Emulsionstrennung Öl/Wasser, Aufkonzentrieren von Milch und Protein, Schlichte-Rückgewinnung und Latex-Rückgewinnung [11].
In der Patentliteratur sind auch Angaben über die Abtrennung von Katalysatoren durch Membranprozesse veröffentlicht worden.
Eine Auftrennung des Substanzgemisches erfolgt aufgrund der Grössenunterschiede bzw. der Raumbeanspruchung der Moleküle [12].

Die Trennmedien bestehen aus makromolekularen Netzstrukturen, welche Porenkanäle mit definierten Durchmessern in bestimmten Molekülgrößenbereichen besitzen. Sie liegen für die Ultrafiltration in Form von Membranen vor.

Während bei der konventionellen Filtration das Filtermaterial so grobmaschig ist, daß das Lösungsmittel schon unter dem Einfluß der Schwerkraft oder Anwendung von Vakuum den Filter passiert, entsteht an Mikroporen ein erheblicher Strömungswiderstand. Dieser wird bei der Ultrafiltration durch Aufbringen von Drücken zwischen 2 und 100 bar, die in jedem Fall höher ist als der osmotische Druck (Umkehrosmose) und Vorliegen eines Konzentrationsgefälles überwunden.

Bei der Gelchromatographie werden Konzentrationsunterschiede angewendet. Diese ist somit diffusionskontrolliert. Gelmaterialien sind zu Perlen geformte makromolekulare Stoffe mit definierter Porengröße. Diese werden in Säulen aufgeschichtet, mit einem Laufmittel zur Quellung gebracht und mit dem zu trennenden Gemisch beladen. Die größten Moleküle verlassen zuerst die Säule, die kleineren nach längeren Laufzeiten. Anwendung findet dies in der Auftrennung von Gemischen und zur differenzierten Molmassebestimmung.

Zur genaueren Molmassebestimmung weniger geeignet aber zur Gemischauftrennung gut handhabbar ist die Ultrafiltration. Hierzu wird ein druckfestes Gefäß, eine hierin eingelegte Membran mit definierter Porosität und eine Druckquelle benötigt. Im Gegensatz zur Gelchromatographie passieren die kleinen Moleküle zuerst und die größeren je nach Trenngrenze gar nicht das Trennmedium.
Heute sind in erster Linie sog. asymmetrische Membranen gebräuchlich. Sie bestehen aus einer relativ dicken (ca. 200 µm) hochporösen Stützschicht und einer nur ca. 0,5 µm dicken Trennschicht. Diese Struktur erlaubt rel. hohe Filtrationsgeschwindigkeiten bei geringer Verstopfungsgefahr.

Die Selektivität einer Membran wird durch die Angabe ihrer molekularen Trenngrenze charakterisiert. Diese ist nicht als exakt definierte Größe zu verstehen, da u.a. jede Membran eine gewisse Porengrößenverteilung aufweist. Der sog. Filtratfluß ist umso geringer, je niedriger die Trenngrenze liegt. Weiterhin hängt der Filtratfluß vom Filtrationsdruck, von der Temperatur und von der Konzentration der zu filtrierenden Lösung

ab. Zusätzlich kann die sog. Konzentrationspolarisation - eine
Zone erhöhter Konzentration kurz vor der Membranoberfläche - ,
die im Extremfall wie eine Sekundärmembran wirkt, den Filtratfluß vermindern.

Ein wichtiger Punkt bei der Auswahl einer Membran ist ihr Sta-
bilitätsverhalten gegenüber den sie passierenden Medien. Da die
Ultrafiltration in Biochemie und Medizin hauptsächlich in wäßriger Lösung betrieben wird, ist die überwiegende Mehrheit der
handelsüblichen Membranen nur bedingt beständig in organischen
Lösungsmitteln und gegenüber den verschiedensten Chemikalien.

Die bestgeeigneten Membranen bezüglich Trenngrenze und Lösungs-
mittelbeständigkeit scheinen Membranen aus Polyamid zu sein.

An diesen Membranen und einer umgebauten kommerziell erhältlichen
Ultrafiltrationsanlage (Berghof GmbH, Tübingen) wurden unsere
ersten Trennversuche durchgeführt.

3.2   Trennversuche

Als Membranen wurden die asymmetrischen Polyamidmembranen der
"Berghof-BM-Serie" mit den Trenngrenzen 1000 (BM 10), 5000
(BM 50) und 10000 (BM 100) benutzt.

Obwohl diese Toluol-beständig sein sollten, zeigten sich nach
Toluollagerung Durchmesserveränderungen von 3-4 mm absolut an.

Um die Membranen trotzdem in die UF-Zelle einlegen zu können,
wurden sie im voraus entsprechend verkleinert.

Wie die tabellarisch aufgelisteten Trennversuche (Tab., S. 30)
zeigen, haben sich durch die Verwendung der Membranen in Toluol
jedoch offensichtlich ihre molekularen Trenngrenzen verändert.

Die Versuche konnten somit nicht unter den gewünschten Bedingungen durchgeführt werden.

Es wurden Rhodiumkatalysator/Polymer-Trennungen und das Rückhaltevermögen der Membranen gegenüber Polybutadienen unterschiedlichen Molekulargewichts untersucht. Für die BM 50-Membran ergab sich bei einem Polybutadien mit dem mittleren Molekulargewicht von 6000 ein Rückhaltevermögen von 76 %. Ein Polybutadien mit mittlerem Molekulargewicht 1500 wurde zu 80 % zurückgehalten. Da die Polyene einen molekularen Anteil besitzen, der weit unter den mittleren Molgewichten liegt, kann aus den gefundenen Rückhaltewerten geschlossen werden, daß die Trenngrenze der BM 50-Membran nach Toluollagerung von 5000 auf unter 1500 abgesunken ist. Betrachtet man den Blindversuch mit reinem Rh-Komplex ($HRh(CO)(PPh_3)_3$, MG 919), liegt die Trenngrenze eher noch unter 1500 (Vers. 3).

Die BM 10-Membran verengt sich offenbar soweit, daß so gut wie kein Komplex mehr passiert (Vers. 2).

Mit der BM 50-Membran konnte der Rhodium-Komplexkatalysator aus einem Gemisch mit Polybutadien (mittleres Molekulargewicht 6000) zu 33 % wiedergewonnen werden (Vers. 4).

Aus einem Katalysator-haltigen Hydroformylierungsprodukt von hochmolekularem Polybutadien konnten mit der BM 100-Membran 12 % des Rhodiums abgetrennt werden (Vers. 6).

Eine quantitative Rhodiumwiedergewinnung aus polymeren Hydroformylierungsprodukten sollte jedoch mit lösungsmittelbeständigen Membranen definierter Trenngrenze möglich sein.

Tabelle 11: Rhodiumabtrennung aus rhodiumhaltigen Lösungen mit und ohne Polybutadien oder Polybutadienprodukten via Ultrafiltration[1])
zugegebene Rh-Verb.: $HRh(CO)(P\phi_3)_3$; Lösungsmittel: Toluol

Vers.Nr.	1	2	3	4	5	6
Ansatz[2])	27 mg Rh-Verb. 320 mg PB 6000	27 mg Rh-Verb.	27 mg Rh-Verb.	27 mg Rh-Verb. 320 mg PB 6000	27 mg Rh-Verb. 320 mg PB 6000 (nach Hydroformyl.)[3])	54 mg Rh-Verb. 630 mg PB 300 000 nach Hydrof. in Gegenwart v.Glykol
Membran[4])	BM 10	BM 10	BM 50	BM 50	BM 50	BM 100
Filtratfluß[5]) $\frac{ml}{cm^2 \cdot Min}$	0,0074	0,0107	0,0588	0,0776	0,0183	0,0367
Rh-Rest, Zell-Rückst. (%)[6])	92	93	34	67	97	88

1) UF-Anlage der Fa. Berghof GmbH, 2) mit Toluol auf 200 ml aufgefüllt und in die Trennzelle gegeben;
3) Hydroformylierungsbed. wie bei Rh-Katalyse üblich;
4) Berghof-UF-Membranen wie beschrieben; 5) zur Erzielung hoher Trennleistung sind 1000 ml Filtrat entnommen worden; 6) nach Filtrationsende, LM-freien Rückst. per AAS auf Rh untersucht und auf den Rh-Gehalt vor der Filtration bezogen.

3.3 Ausblick

Wie die Versuche zur Abtrennung von Homogenkatalysatoren aus höhermolekularen Hydroformylierungsprodukten durch Ultrafiltration gezeigt haben, sind hier interessante Trenneffekte möglich, die mit geeigneten Membranen systematisch weiter untersucht werden müssen. Neben der Katalysator-Abtrennung von höhermolekularen Substanzen sollte mit entsprechenden Membranen auch die Molgewichtsverteilung der polymeren Reaktionsprodukte bestimmbar sein.

4. Isolierung von homogen gelösten Übergangsmetallkatalysatoren aus organischen Medien durch Extraktion mittels wäßriger Lösungen von Komplexliganden

4.1 Einleitung

Die Isolierung von Übergangsmetallverbindungen, die in organischen Medien homogen gelöst sind, sollte auch durch Extraktion mit wäßrigen Lösungen von tertiär Phosphan-Komplexliganden mit salzartigem Charakter möglich sein [13]. Hierfür bieten sich u.a. folgende, präparativ leicht zugänglichen Verbindungen an:

Tri(Natrium-benzolsulfonat)phosphan $P(C_6H_4SO_3Na)_3$ [14]
Natrium-(Diphenylphosphino)acetat Ph_2P-CH_2COONa [15]
Di-Natrium(Phenylphosphindiyl)diacetat $PhP(CH_2COONa)_2$ [16]

Die Extraktion von Rhodiumkomplexen mit Lösungen dieser salzartigen Phosphane wurde sowohl einstufig als auch mehrstufig nach dem Gegenstromprinzip ausgeführt.

4.2 Einstufige Extraktion

Zur Vereinfachung wurde für alle Extraktionsversuche in Toluol gelöstes Hydridocarbonyltris(triphenylphosphan)rhodium, $HRhCO(PPh_3)_3$, als Modellösung für ein Hydroformylierungsprodukt verwendet. Durch Vorversuche wurde festgestellt, daß höhere Temperaturen die Ligandenaustauschreaktion und damit die Gleichgewichtseinstellung der Extraktion begünstigen, daher wurden die Versuche bei 60°C durchgeführt.

Experimentelle Durchführung

In 50 ml Toluol wurden 0,067 g HRhCO(PPh$_3$)$_3$ gelöst, dies entsprach einem Rhodiumgehalt von 150 ppm. Diese Lösung wurde zusammen mit 100 ml Wasser, in dem das Phosphan gelöst wurde, in ein Extraktionsgefäß [17] gefüllt und in ein auf 60°C thermostatisiertes Ölbad gehängt. Die Durchmischung der beiden Phasen erfolgte mit einem von Vögtle et al. genauer beschriebenen Rührer. Die Extraktionszeit betrug 30 Minuten. Nach beendeter Reaktion wurde die wäßrige Phase abgetrennt, die organische Phase zusammen mit frischer wäßriger Phosphanlösung in das Extraktionsgefäß gefüllt und erneut extrahiert. Die organische Phase wurde insgesamt zweimal rezirkuliert. Das Rh/Phosphan-Verhältnis variierte bei den ersten Versuchen einer Versuchsreihe zwischen 1:7 und 1:40. Der Phosphangehalt in der wäßrigen Phase wurde innerhalb einer Versuchsreihe konstant gehalten, das heißt, mit zunehmender Rezirkulation der organischen Phase nahm das P/Rh-Verhältnis zu, da der Rhodiumgehalt in der organischen Phase durch die Extraktion abnahm.

Die günstigsten Extraktionsergebnisse wurden mit P(C$_6$H$_4$SO$_3$Na)$_3$ erzielt. Nach dreimaliger Extraktion waren in der organischen Phase lediglich noch 2 % bzw. 4 % des eingesetzten Rhodiums vorhanden. Mit PhP(CH$_2$COONa)$_2$ lag der Rhodiumgehalt in der organischen Phase dagegen bei 24 % bzw. 3,2 % und mit Ph$_2$PCH$_2$COONa bei 13 % bzw. 15 %.

Tabelle 12: Extraktion von HRhCO(PPh$_3$)$_3$ aus Toluol mit wasserlöslichen Phosphanverbindungen

Vers.Nr.	Phosphan (g/mmol)		Rh (mg)	Rh* (%)	Rh:P (molar)
1/1w	PhP(CH$_2$COONa)$_2$	0.38/1.4	0.75	10	1:20
1/2w	"	0.38/1.4	1.7	22.7	1:21
1/3w	"	0.38/1.4	1.1	14	1:29
1/3org.Ph.			1.8	<u>24</u>	
2/1w	PhP(CH$_2$COONa)$_2$	0.19/0.7	6.7	89	1:10
2/2w	"	0.19/0.7	0.9	11.5	1:90
2/3w	"	0.19/0.7	0.6	7.7	1:100
2/3org.Ph.			0.2	<u>3.2</u>	
3/1w	P(C$_6$H$_4$SO$_3$Na)$_3$	0.58/1.0	4.75	63	1:14
3/2w	"	0.58/1.0	0.8	10	1:37
3/3w	"	0.58/1.0	0.3	4	1:52
3/3org.Ph.			0.2	<u>2.7</u>	
4/1w	P(C$_6$H$_4$SO$_3$Na)$_3$	0.29/0.5	3.4	46	1:7
4/2w	"	0.29/0.5	1.6	21	1:13
4/3w	"	0.29/0.5	0.5	7	1:21
4/3org.Ph.			0.4	<u>4</u>	
5/1w	Ph$_2$PCH$_2$COONa	0.38/1.4	4.4	60	1:20
5/2w	"	0.38/1.4	0.5	6	1:47
5/3w	"	0.38/1.4	0.3	4	1:155
5/3org.Ph.			1.1	<u>15</u>	
6/1w	Ph$_2$PCH$_2$COONa	0.76/2.8	4.4	58	1:40
6/2w	"	0.76/2.8	0.6	8	1:93
6/3w	"	0.76/2.8	0.2	3	1:115
6/3org.Ph.			1.0	<u>13</u>	

* bezogen auf die Rhodiumeinwaage (Die Rhodiumwerte geben an, wieviel Rhodium in den wäßrigen Extrakt gegangen ist bzw. wieviel Rhodium nach dreifacher Extraktion noch in der org. Phase verblieben ist)

w = wäßrige Phase; org.Ph. = organische Phase
Reaktionsbedingungen: Toluol 50 ml; H$_2$O = 100 ml; HRhCO(PPh$_3$)$_3$: 150 ppm = 66,8 mg (0.073 mmol); 60°C; 30 min; CO-Atmosphäre (1 bar)

4.2.1   Extraktion von Rhodium aus Toluol in Gegenwart von Triphenylphosphan

Da bei der Hydroformylierung mit tertiär-phosphanmodifizierten Katalysatorsystemen stets mit einem Überschuß an Phosphan gearbeitet wird, sollte überprüft werden, inwiefern sich dieser auf die Gleichgewichtseinstellung bei der Extraktion mit wasserlöslichen Phosphanen auswirkt.

Auch in Gegenwart von Triphenylphosphanmengen, wie sie in der Praxis vorliegen können, werden mit allen drei wasserlöslichen Phosphanen sehr gute Extraktionsergebnisse erzielt (vgl. Tab. 13).

4.2.2   Rückextraktion von Rhodium mit Triphenylphosphan aus der wäßrigen Phase

Für diese Versuche wurde die Rhodiumverbindung zunächst aus Toluol mit $P(C_6H_4SO_3Na)_3$ in 100 ml Wasser extrahiert. Diese Lösungen wurden dann für die Rückextraktionsversuche mit Triphenylphosphan, gelöst in Toluol, verwendet. Nach beendeter Extraktion wurde die organische Phase abgetrennt und die wäßrige Phase wurde jeweils noch zweimal mit in 50 ml Toluol gelöstem Triphenylphosphan extrahiert. Die Ergebnisse zeigt die Tabelle 14.

Tabelle 13: Extraktion von Rhodium aus Toluol mit wasserlöslichen Phosphanen in Gegenwart von Triphenylphosphan

Vers.Nr.	Phosphan (g/mmol)		PPh_3 (mmol)	Rh (mg)	Rh-Geh.[*] (%)	Rh:P[**] (molar)
7/1w	$P(C_6H_4SO_3Na)_3$	0.58/1.0	0.71	5.2	69.4	1:14
7/2w	"	0.58/1.0	0.71	1.2	15.5	1:45
7/3w	"	0.58/1.0	0.71	0.1	1.3	1:94
7/3org.Ph.				0.04	0.5	
8/1w	$PhP(CH_2COONa)_2$	0.38/1.4		6.5	86.7	1:19
8/2w	"	0.38/1.4		0.5	6.7	1:144
8/3w	"	0.38/1.4		0.8	10.7	1:288
8/3org.Ph.				0.5	6.7	
9/1w	Ph_2PCH_2COONa	0.38/1.4		3.0	40	1:19
9/2w	"	0.38/1.4		1.4	18.7	1:32
9/3w	"	0.38/1.4		0.4	5	1:47
9/3org.Ph.				0.2	2.7	

[*] bezogen auf Rhodiumeinwaage (vgl. Legende zu Tabelle 12
[**] bezogen auf das wasserlösliche Phosphan

w = wäßrige Phase; org.Ph. = organische Phase

Reaktionsbedingungen:

$HRhCO(PPh_3)_3$: 66,8 g (0.073 mol);
Toluol: 50 ml; H_2O: 1oo ml; 60°C;
30 min; CO-Atmosphäre (1 bar)

Tabelle 14: Rückextraktion von Rh/P$(C_6H_4SO_3Na)_3$-Komplexen aus Wasser mit einer Toluollösung von Triphenylphosphan

Vers.Nr.	PPh$_3$ (mmol)	Rh:P (molar)	Rh (mg)	Rh* (%)
10/1org.Ph.	0.71	1:24	0.72	20
10/2org.Ph.	0.71	1:28	0.5	14
10/3org.Ph.	0.71	1:39	0.2	6
10/3w			2.4	67
11/1org.Ph.	1.42	1:62	0.8	33
11/2org.Ph.	1.42	1:91	0.2	8
11/3org.Ph.	1.42	1:104	0.3	14
11/3w			0.3	12.5
12/1org.Ph.	1.42	1:23	0.5	8
12/2org.Ph.	1.42	1:24	0.9	13
12/3org.Ph.	1.42	1:29	0.4	6
12/3w			2.9	45
13/1org.Ph.	1.42	1:42	0.4	11
13/2org.Ph.	1.42	1:47	0.9	25
13/3org.Ph.	1.42	1:66	0.5	15
13/3w			1.7	50

* bezogen auf Rhodiumeinwaage (vgl. Legende zu Tab. 12

w = wäßrige Phase; org.Ph. = organische Phase

10: 3,1 mg Rh
11: 2,4 mg Rh
12: 6,5 mg Rh
13: 3,5 mg Rh

Reaktionsbedingungen:
Toluol: 50 ml; Wasser: 100 ml; 60°C; 30 min; CO-Atmosphäre (1 bar)

4.3 Flüssig-Flüssig-Gegenstromextraktion mit einer Mikro-Drehband-Extraktionskolonne

Mit einer Drehband-Extraktionskolonne wurde die Möglichkeit der kontinuierlichen Extraktion von Rhodiumkomplexen aus Toluol mittels wäßriger Lösungen von salzartigen tertiären Phosphanen getestet.

4.3.1 Trennwirkung der Kolonne

Für die Versuche stand eine Mikro-Drehband-Extraktionskolonne der Firma Fischer Labortechnik Modell 4262 zur Verfügung. Die beiden Phasen wurden mittels zweier Dosierpumpen der Marke ProMinent electronic, Modell A 1201, die eine Förderleistung von 1,3 l/h besitzen, zudosiert. Dadurch wurde ein konstanter Volumenstrom während der gesamten Versuchsdauer gewährleistet.

Die Bodenzahl der Kolonne wurde mit einem Testsystem, bestehend aus Petrolether(S)/Benzoesäure (E)/Wasser (R) bei Raumtemperatur ermittelt. Sie lag je nach gewähltem Rücklaufverhältnis zwischen 4 und 6 Theoretischen Böden.

Tabelle 15: Bestimmung der Bodenzahl mit einem Testgemisch aus Petrolether (S)/Benzoesäure (E)/Wasser (R) bei Raumtemperatur

Versuch	R:S	n_{th}	HETS (cm)	Extraktionsgrad (%)
1	2:1	4	40	72
2	4:1	6	20	65
3	6:1	4	30	47

1: $v_{(S)} = 75$ ml h^{-1} 2: $v_{(S)} = 70$ ml h^{-1} 3: $v_{(S)} = 70$ ml h^{-1}
$v_{(R)} = 94$ ml h^{-1} $v_{(R)} = 210$ ml h^{-1} $v_{(R)} = 300$ ml h^{-1}

Die relativ geringe Trennstufenzahl der Kolonne kann mit der unzureichenden Wirksamkeit des Teflon-Drehbandes erklärt werden.

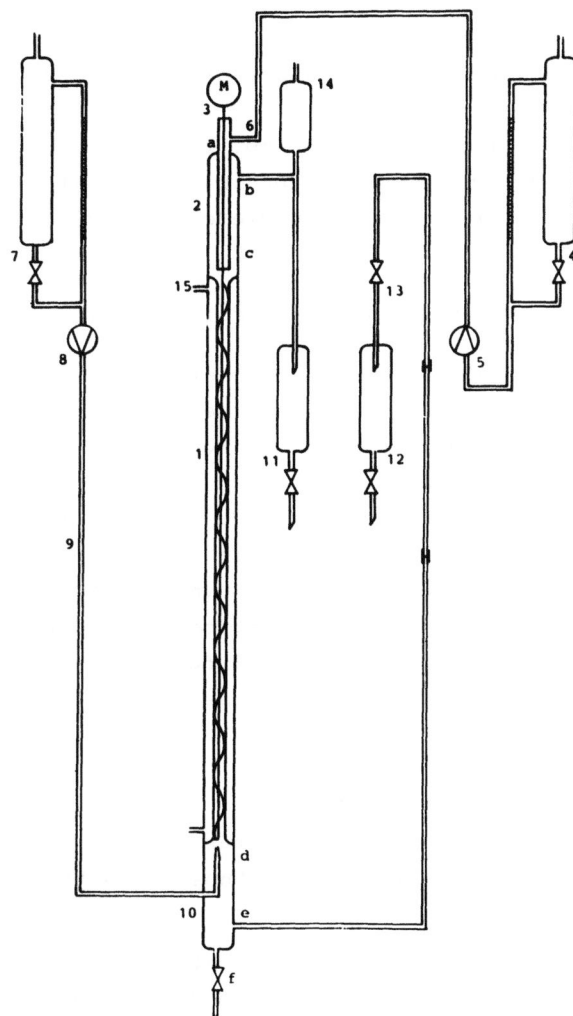

Abb. 1: Drehbandextraktionskolonne
(nach Fischer)

4.3.2   Drehband-Extraktions-Kolonne

Aufbau der verwendeten Drehband-Extraktionskolonne

Die schematische Darstellung in Abb. 1 gibt die nach dem Gegenstromprinzip arbeitende Fischer-Drehband-Extraktionskolonne für Flüssig-Flüssig-Extraktionen wieder. Der Kolonneninhalt beträgt ca. 1 l.

Die Extraktionskolonne besteht aus folgenden Teilen:

1. Trennsäule mit Heizmantel, 2. Kopfstück a) Zulaufstutzen für die schwere Phase, b) Ablaufstutzen für die leichte Phase, c) Drehband-Antriebsvorrichtung, 3. Rührer, 4. Vorratsgefäß für die schwere Phase, 5. Dosierpumpe für die schwere Phase, 6. Zulaufleitung für die schwere Phase, 7. Vorratsgefäß für die leichte Phase, 8. Dosierpumpe für die leichte Phase, 9. Zulaufleitung für die leichte Phase, 10. Sumpfteil d) Zulaufrohrmündung für die leichte Phase, e) Ablaufrohr für die schwere Phase, f) Entleerungshahn, 11. Auffanggefäß für die leichte Phase, 12. Auffanggefäß für die schwere Phase, 13. Ablaßventil für die schwere Phase, 14. Kühler und 15. Anschluß für Thermostaten.

4.3.3   Kontinuierliche Rhodium-Extraktion aus Toluol mit verschiedenen wasserlöslichen Phosphanen bei 60°C

Für diese Versuche wurde wie für die einstufigen Versuche $HRhCO(PPh_3)_3$, gelöst in Toluol, als Modellösung verwendet. Die Ausgangslösung enthielt 150 ppm Rhodium.

Die Wirksamkeit der carboxylierten Phosphane im Vergleich zu den sulfonierten, wurde bei einer Extraktionstemperatur von 60°C bestimmt.

Tabelle 16: Kontinuierliche Extraktion von Rhodium aus Toluol mit verschiedenen, wasserlöslichen Phosphanen bei 60°C

Versuch	Phosphan	Zeit (min)	Rh-Geh. im Raffinat (ppm)	Extraktionsgrad (%)
1	$P(C_6H_4SO_3Na)_3$	90	150	90
		150		91
2	Ph_2PCH_2COONa	60	150	77
		150		75
		210		78
3	$PhP(CH_2COONa)_2$	150		71
		210		93

0.15 mmol $HRhCO(PPh_3)_3$/100 ml Toluol; Rh:P = 1:10

Reaktionsbedingungen:
Temperatur: 60°C
$v_{(R)}$ = 115 ml h^{-1} = 79.5 g h^{-1}
$v_{(S)}$ = 100 ml h^{-1} = 100 g h^{-1}
R:S = 0.8:1

Nach ausreichend langer Zeit für die Gleichgewichtseinstellung kann mit $PhP(CH_2COONa)_2$ ein genauso hoher Extraktionsgrad erreicht werden wie mit dem sulfonierten Phosphan. Mit Ph_2PCH_2COONa wurden um ca. 10 % schlechtere Werte erzielt, dies dürfte auf die Löslichkeit des gebildeten Rhodium/Phosphan-Komplexes zurückgeführt werden.

4.4 Diskussion der Versuchsergebnisse zur Extraktion von Rhodium

Mit dem sulfonierten Triphenylphosphan $P(C_6H_4SO_3Na)_3$ wurden nach wiederholter, einstufiger Extraktion Extraktionsgrade von 96 und 97 % erreicht. Bei den carboxylierten Phosphanen waren die Ergebnisse geringfügig schlechter. Auch in Gegenwart von überschüssigem Triphenylphosphan in der Raffinatphase konnte mit allen drei eingesetzten Phosphanen eine ausgezeichnete Extraktion erreicht werden. Mit $P(C_6H_4SO_3Na)$ lag der Extraktionsgrad bei 99,5 % mit $PhP(CH_2COONa)_2$ bei 97 % und mit Ph_2PCH_2COONa bei 93 %. Bei der Rückextraktion von $Rh/P(C_6H_4SO_3Na)_3$-Komplexen mit in Toluol gelöstem Triphenylphosphan wurden Extraktionsgrade bis 88 % erzielt.

Mit der kontinuierlich arbeitenden Drehband-Extraktions-Kolonne wurden mit $P(C_6H_4SO_3Na)_3$ und $PhP(CH_2COONa)_2$ bessere Ergebnisse als mit $Ph_2P(CH_2COONa)_2$ erzielt. Der Extraktionsgrad lag mit $P(C_6H_4SO_3Na)_3$ und $PhP(CH_2COONa)_2$ bei 90 % und mit Ph_2PCH_2COONa bei 78 %.

Die bessere Extraktionsfähigkeit des $P(C_6H_4SO_3Na)_3$ ist auf die schlechte Löslichkeit seiner Rhodiumkomplexe in Toluol zurückzuführen. Der positive Einfluß von Triphenylphosphan auf die Extraktion bei allen drei Phosphanen kann auf das Vorliegen unterschiedlicher Rhodiumkomplexe im Toluol zurückgeführt werden.

$$HRhCO(PPh_3)_3 \underset{+ PPh_3}{\rightleftharpoons} HRhCO(PPh_3)_2 \xrightleftharpoons{CO} HRh(CO)_2(PPh_3)_2$$

$$\underline{1} \qquad \qquad \underline{2} \qquad \qquad \updownarrow \underline{3}$$

$$[Rh(CO)_2(PPh_3)_2]_2$$

$$\underline{4}$$

In Gegenwart von überschüssigem Triphenylphosphan ist die Bildung von <u>1</u> begünstigt, während ohne Triphenylphosphan die Bildung von <u>4</u> zu erwarten ist. Eine mögliche Erklärung für das unterschiedliche Extraktionsverhalten kann das unterschiedliche Ligandenaustauschverhalten der Komplexe <u>1</u> und <u>4</u> sein. Insgesamt führten die einstufigen Extraktionen mit $P(C_6H_4SO_3Na)_3$ nach zweimaliger Wiederholung zu befriedigenden Ergebnissen hinsichtlich des Rhodium-Gehaltes in der organischen Phase.

Somit kann man feststellen, daß mit $P(C_6H_4SO_3Na)_3$ gute Extraktionsergebnisse bei der wiederholten einstufigen Extraktion (Mixer-Settler-Prinzip) erzielt wurden. Die Ergebnisse mit der Drehband-Extraktions-Kolonne sind durch höhere Bodenzahlen zu steigern.

Die Löslichkeit der carboxylierten Phosphan/Rhodium-Komplexe in Toluol wirkt sich ungünstig auf das Verteilungsgleichgewicht der Extraktion aus, daher wurden damit schlechtere Extraktionsgrade erreicht.

Die Vorteile des $P(C_6H_4SO_3Na)_3$ bei der Extraktion von Rhodium aus Toluol in Wasser wirken sich bei der Rückextraktion mit Triphenylphosphan als Nachteil aus. Durch die hohe Stabilität der gebildeten Komplexe kommt es auch bei hohem Triphenylphosphan-Überschuß nur zu einer mäßigen Ligandenaustauschreaktion, die eine Voraussetzung für die Lösung des Rhodiums in der organischen Phase ist. Hier wird man anstelle des Triphenylphosphans aliphatische tertiäre Phosphane wie z.B. das Triisopropylphosphan einsetzen müssen.

5. Zusammenfassung

Zur Abtrennung von homogen gelösten Rhodium-Katalysatoren aus Reaktionsproduktgemischen wurden drei verschiedene Verfahren ausgetestet.

Tertiäre Phosphangruppen tragende Ionenaustauscherharze geeigneter Struktur wurden als sog. Ligandentauscher zur Entmetallierung von rhodiumhaltigen Lösungen sowie Hydroformylierungsprodukten eingesetzt. Die Regeneration des Katalysatorkomplexes erfolgte durch Behandlung des beladenen Harzes mit einem Überschuß an Triisopropylphosphan, das durch Destillation leicht rezirkuliert werden kann. Es gelangen 99-100 proz. Wiedergewinnungsraten des Rhodiums. Das Verfahren wurde nicht nur an Testlösungen, sondern auch an praktischen Hydroformylierungsprodukten erprobt.

Aus einem Polybutadienhydroformylierungsprodukt gelang via Ultrafiltration durch Polyamidmembranen in ersten Versuchen eine partielle Wiedergewinnung des Rhodiumkatalysators.

Schließlich konnte gezeigt werden, daß eine Rhodiumkomplex-Abtrennung auch durch Extraktion mit wäßrigen Lösungen von geeigneten wasserlöslichen tertiären Phosphanen möglich ist. Hier gelangen Extraktionsgrade bis über 99 %.

6. Literatur

1. Ch.U. Pittman und G.O. Evans, Chemtech **1973**, 561.
2. J. Manassen, Catal. Rev. Sci. Eng. **9** (2) (1974) 223.
3. F. Helferich, J. Amer. Chem. Soc. **84** (1962) 3237.
4. L. Snyder und J. Ward, J. Phys. Chem. **70** (1966) 3941.
5. H. Schulz, Diplomarbeit, RWTH Aachen, Fachabteilung Chemie/Biologie 1976.
6. K. Allum, R. Hancock, I. Howell, S. McKenzie, R. Pitkethly und P. Robinson, J. Organomet. Chem. **87** (1975) 203.
7. R. King and P. Kapoor, J. Amer. Chem. Soc. **93** (1971) 4158.
8. C. Pittman und L. Smith, J. Amer. Chem. Soc. **97** (1975) 341.
9. U. Hartig, Dissertation, RWTH Aachen 1972.
10. B. Fell und A. Geurts, Chem. Ing. Techn. **44** (1972) 708.
11. vgl. die Zusammenfassung in Ullmanns Enzyklopädie der technischen Chemie, 4. Auflage, Bd. 16, S. 525 f. Verlag Chemie Weinheim, New York 1978.
12. Methodicum Chimicum, Bd. 1/1, H. Determann und K. Lampert, S. 108; Georg Thieme Verlag, Stuttgart 1973.
13. vgl. hierzu: A.F. Borowski, D.J. Cole-Hamilton und G. Wilkinson, Nouveau Journ. d. Chim. **2** (1977) 137; D.B.P. 2 627 354 (1976), Rhône-Poulenc Industries; Brit. Pat. 2 085 874 (1981), Johnson Matthey Public Ltd. Co.; R.G. Nuzzo, D. Feitler und G.M. Whitesides, J. Amer. Chem. Soc. **101** (1979) 3683; R.T. Smith und M.C. Baird, Inorg. Chim. Acta **62** (1982) 135.
14. S. Ahrland und J. Chatt, J. Chem. Soc. **1958**, 276.
15. H. Groß, Dissertation, RWTH Aachen 1978.
16. J. Podlahová, Coll. Czech. Chem. Comm. **43** (1978) 57.
17. F. Vögtle, W. Müller und E. Obst, Chemiker-Ztg. **105** (1981) 223.

If you have any concerns about our products,
you can contact us on
ProductSafety@springernature.com

In case Publisher is established outside the EU,
the EU authorized representative is:
**Springer Nature Customer Service Center GmbH
Europaplatz 3, 69115 Heidelberg, Germany**

Printed by Libri Plureos GmbH
in Hamburg, Germany